BEI GRIN MACHT SICH IHR WISSEN BEZAHLT

- Wir veröffentlichen Ihre Hausarbeit, Bachelor- und Masterarbeit

- Ihr eigenes eBook und Buch - weltweit in allen wichtigen Shops

- Verdienen Sie an jedem Verkauf

Jetzt bei www.GRIN.com hochladen und kostenlos publizieren

Michael Estel

Der Fusionsreaktor - Ablauf der Kernfusion und Reaktorkonzepte

GRIN Verlag

Bibliografische Information der Deutschen Nationalbibliothek:

Die Deutsche Bibliothek verzeichnet diese Publikation in der Deutschen Nationalbibliografie; detaillierte bibliografische Daten sind im Internet über http://dnb.d-nb.de/ abrufbar.

Dieses Werk sowie alle darin enthaltenen einzelnen Beiträge und Abbildungen sind urheberrechtlich geschützt. Jede Verwertung, die nicht ausdrücklich vom Urheberrechtsschutz zugelassen ist, bedarf der vorherigen Zustimmung des Verlages. Das gilt insbesondere für Vervielfältigungen, Bearbeitungen, Übersetzungen, Mikroverfilmungen, Auswertungen durch Datenbanken und für die Einspeicherung und Verarbeitung in elektronische Systeme. Alle Rechte, auch die des auszugsweisen Nachdrucks, der fotomechanischen Wiedergabe (einschließlich Mikrokopie) sowie der Auswertung durch Datenbanken oder ähnliche Einrichtungen, vorbehalten.

Impressum:

Copyright © 2010 GRIN Verlag, Open Publishing GmbH
Druck und Bindung: Books on Demand GmbH, Norderstedt Germany
ISBN: 978-3-656-10017-1

Dieses Buch bei GRIN:

http://www.grin.com/de/e-book/186881/der-fusionsreaktor-ablauf-der-kernfusion-und-reaktorkonzepte

GRIN - Your knowledge has value

Der GRIN Verlag publiziert seit 1998 wissenschaftliche Arbeiten von Studenten, Hochschullehrern und anderen Akademikern als eBook und gedrucktes Buch. Die Verlagswebsite www.grin.com ist die ideale Plattform zur Veröffentlichung von Hausarbeiten, Abschlussarbeiten, wissenschaftlichen Aufsätzen, Dissertationen und Fachbüchern.

Besuchen Sie uns im Internet:

http://www.grin.com/

http://www.facebook.com/grincom

http://www.twitter.com/grin_com

Helmut Schmidt Universität
Universität der Bundeswehr Hamburg
Studentenfachbereich 4/B
Geistes- und Sozialwissenschaften

Maschinenbauliche Grundlagen an
Beispielen der Motorentechnik
ISA

Herbsttrimester 2010

Hausarbeit zum Thema

Der Fusionsreaktor

Vorgelegt von Michael Estel

Berufs- und Erziehungswissenschaften

Inhaltsverzeichnis

Kapitel	Inhalt	Seite
-	Inhaltsverzeichnis	1
1	Einleitung	2
2	Was ist Kernfusion	3
3	Geschichte des Fusionsreaktors	5
4	Reaktorkonzepte mit magnetischem Einschluss	7
4.1	TOKAMaK	8
4.2	Stellarator	8
4.3	ITER	9
5	Reaktorkonzepte mit Trägheitseinschluss	9
6	Praxistauglichkeit	10
7	Fazit	12
-	Literaturverzeichnis	13
-	Anlagen	15

1. Einleitung

Ständig wird es der Menschheit bewusster, dass die fossilen Brennstoffe begrenzt sind. Die Presse berichtet vom "Peak Oil", von steigenden Kraftstoffpreisen und vom Krieg ums Erdöl. Aber nicht nur Öl wird selten, auch die Erdgas-, Kohle- und Uranressourcen sind endlich.

Es existieren zwar mehrere Berechnungen zum genauen Zeitpunkt, aber sicher ist, dass der Bedarf an Energie bereits Mitte des 21. Jahrhunderts höher ist als aus Kohle, Gas und Öl erzeugt werden kann (vgl. Pelte, 2010, S.94 ff.). Diese fossilen Energieträger sind uns so wichtig geworden wie die Luft zum Atmen. Aber genau diese Atemluft und das Klima werden zusätzlich vom CO_2 durch das Verbrennen dieser fossilen Energieträger beeinträchtigt.

Doch unser Überlebenstrieb begünstigt die Forschung nach alternativen Energiequellen. Man nutzt bereits Windkraft, Sonnenenergie, Gravitationsenergie (Gezeitenkraftwerke), Biogas und Erdwärme. Doch diese alternativen Energiequellen sind vom Wetter abhängig, unterliegen gewissen Leistungsschwankungen, produzieren nur wenig Energie oder benötigen einen Energiespeicher wie Druckluft-Energiespeicher oder Pumpspeicherkraftwerke. Somit forscht man weiter an leistungsfähigeren Kraftwerken und Energieträgern zur Bereitstellung von Grundlaststrom.

Eines der energiereichsten Ereignisse des Universums ist die Verschmelzung von Wasserstoff zu Helium. Dieses Ereignis passiert ständig in der Sonne, aber auch bei der Explosion einer Wasserstoffbombe. Zu kriegerischen Absichten hat die Menschheit bereits bewiesen, dass sie in der Lage ist, das "Sonnenfeuer" auf die Erde zu holen. Doch sogenannte Fusionskraftwerke versprechen erstmals eine friedliche und sinnvolle Nutzung dieser Energie. Schon jetzt investiert die Bundesrepublik 130 Mio. Euro jährlich in die Fusionsforschung, zum Vergleich: für die Forschung an erneuerbaren Energien werden jährlich 153 Mio. Euro investiert (vgl. TAB, 2002, S. 6). Bis zum Jahr 2009 hat die Bundesrepublik insgesamt 3,3Mrd. Euro für die Fusions-Forschung ausgegeben (vgl. Antrag an Bundestag. 2009, S.1). Weltweit sind es nahezu 100 Mrd. Dollar.

Produkte dieser Forschungen sind interessante Prototypen und Versuchsanlagen, welche auf unterschiedliche Reaktortypen aufbauen.

Ziel dieser Hausarbeit soll es sein, den komplexen Prozess der Kernfusion und die Reaktortypen zu erklären, um einen Gesamteindruck zur Thematik Fusion zu bekommen. Letztendlich wird die Frage geklärt, ob Fusionsreaktoren tatsächlich eine realistische Alternative mit Zukunft sind oder als "Science Fiction" deklariert werden müssen.

Die Quellenlage ist gut, da die Abläufe der Kernfusion im Reaktor logisch nachvollziehbar und bewiesenermaßen auch funktionieren. Angaben verschiedener Quellen zum Thema Fusionsreaktoren unterscheiden sich nicht und sind allgemeingültig. Doch um die Frage zur Zukunft der Fusionsreaktoren zu beantworten, ist es nötig, aktuelle Sachstandsberichte und Entscheidungen der Regierung zu berücksichtigen.

2. Was ist Kernfusion

Die immense Energie, welche zum Beispiel von Sternen freigesetzt wird, resultiert aus der Kernfusion, wobei durch Spaltung oder Verschmelzung von Atomkernen sehr große Energien frei gesetzt werden. Die entstandenen Atomkerne sind leichter als das Ausgangsprodukt. Es entsteht ein Massendefekt, wodurch die "verloren" gegangene Masse in Energie (Wärmeenergie und Strahlungsenergie) umgewandelt wird. Erstmals wird dieser Vorgang durch Einstein erklärt. Er definierte die Masse-Energie-Äquivalenzformel $c^2=\frac{E}{m}$. Da die Lichtgeschwindigkeit "c" nicht veränderbar ist, aber sich die Masse bei der Kernfusion verringert, muss sich dementsprechend die Energie erhöhen. Obwohl der Masseverlust verhältnismäßig gering ist, ist die Ausgleichsenergie gewaltig (vgl. Wichler, 2004 S. 292ff). Die für die Fusionsreaktoren relevante Fusion ist die Verschmelzung von leichten Atomkernen. Damit Atomkerne überhaupt verschmelzen, müssen bestimmte Bedingungen erfüllt sein. Als erstes eine hohe Temperatur, nur eine entsprechende Temperatur von ca. 100 Mio. Kelvin sorgt dafür, dass die Bewegung der Atomkerne so stark zunimmt, dass sich die Kerne entgegen der elektromagnetischen Coulombabstoßung annähern und durchtunneln können. Es entsteht Plasma. Innerhalb des Plasmas bewegen sich Elektronen und Atomkerne frei voneinander. Damit es auch zur Verschmelzung der Atomkerne kommt, muss dieser Plasma-Zustand eine Zeit lang (Einschlusszeit) aufrechterhalten bleiben (bei Sternen z.B. seit Milliarden von Jahren) und zusätzlich verdichtet/komprimiert werden. Es entwickelt sich ein Plasmastrom, in dem die Atomkerne dann kollidieren und verschmelzen (fusionieren) können. Wenn es unter den besagten Umständen zu einer Fusion mit positiver Energiebilanz kommt, entsteht genug Energie um die Temperatur- und Dichte-Parameter selbstständig zu erhalten. Unter diesen Parametern spricht man vom Larson Kriterium (vgl. Pelte, 2010, S. 119 ff.).

Hier ergeben sich auch die Herausforderungen für die Erzeugung von Kernfusion mit positiver Energiebilanz auf der Erde. Plasma lässt sich zwar erzeugen, doch es ist schwierig, Baumaterialien zu finden, welche der thermischen und radioaktiven Strahlung des Plasmastroms und der entstehenden Energie standhalten können. Aber auch die Erzeugung der entsprechenden Dichte erweist sich als schwierig (vgl. Grupen, 2008, S.232ff). Bisher nutzt man 2 verschiedene Wege um Plasma einzuschließen und eine Fusion zu erzeugen, ohne dass Plasma die Wände der Reaktorkammer berührt. Zum einen versucht man, das Plasma mit starken Magnetspulen zu kontrollieren und zu verdichten, dieses Prinzip nennt sich "magnetischer Einschluss" und zum anderen versucht man nur so kleine Mengen an Plasma zu erzeugen, dass sich die Atome aufgrund der eigenen Trägheit verdichten, dies ist das "Trägheitseinschluß"- Prinzip (vgl. Pelte, 2010, S.119).

Die Wahl des Brennstoffes ist ebenfalls entscheidend für die Effizienz und Nutzbarkeit von Fusionsreaktoren. Grundsätzlich verschmilzt Wasserstoff zu Helium. Doch um eine erfolgreiche Fusion zu erreichen, muss Wasserstoff als Isotop vorliegen. Das heißt, dass das Wasserstoffatom im Atomkern zum Proton noch ein oder zwei Neutronen besitzen muss. Mit einem Neutron bezeichnet man den nun "schweren" Wasserstoff als Deuterium und mit zwei Neutronen im Atomkern als Tritium. Am einfachsten (relativ niedrige Temperatur und weniger Dichte) lässt sich die Fusion bei der Verschmelzung von Deuterium (d) und Tritium (t) erreichen.

d + t --> He + n (n=Neutronen= radioaktive Strahlung), die wissenschaftlichere Schreibweise wäre:

$$^{2}H + {^{3}H} \rightarrow {^{4}He} + {^{1}n} + 17{,}588\,\text{MeV}$$

Es entsteht bei diesem Prozess radioaktive Strahlung, was wiederum zu einer nützlichen Erhitzung des Plasmas, aber auch zu radioaktiven Müll und zusätzliche Umweltbelastungen führt. Deshalb muss man Reaktormaterialien erforschen, welche nur schwer radioaktiv werden, bzw. schnell aufhören zu strahlen. Deuterium wird mit Elektrolyse aus Meerwasser gewonnen. Tritium muss hingegen unter dem Einfluss von sehr hoher Temperatur und Strahlung aus Lithium erbrütet werden. Tritium entsteht also, wenn man dem Plasma Lithium zuführt. Man muss demnach erst technisch sehr energieaufwendig Tritium erbrüten, um eine selbsterhaltende p+t-Reaktion zu erzeugen. Ist die Reaktion erstmal erreicht, wird nur noch Deuterium und Lithium zugeführt um die Fusion zu erhalten (vgl. Grupen 2008 S.232ff). Die dabei entstehende Abwärme kann wie in jedem anderen Kraftwerk auch, über ein Wärme -Tausch-System zum Betreiben eines Generators genutzt werden.

3. Geschichte des Fusionsreaktors

Bereits 1929 vermuteten Atkinson und Houtermans, dass Kernfusion die Quelle der Sonnenenergie sei. Schon damals erkannte man in Moskau das Potential dieser Erkenntnis und äußerte seine Bereitschaft jeden Tag für eine Stunde die gesamte Stromleistung Leningrads zu Forschungszwecken zur Verfügung zu stellen. Doch auch mit diesen Mitteln war eine Erzeugung der Kernfusion auf der Erde undenkbar. Erst die Entdeckung des Wasserstoff-Isotops Deuterium (1932) trieb die Forschung voran (Heißer als das Sonnenfeuer, Rebhahn 1992, S. 1ff.). 1934 gipfelte die Forschung zum "Sternenfeuer", nachdem Rutherford eine Deuterium-Fusion im Labor erzeugt und dabei das Tritium entdeckt hatte. Nun konnte man sich vorstellen mit welchem Brennstoff die Fusion funktioniert. Doch die endgültige Verschmelzung von Wasserstoff zu Helium ließ sich mit den damaligen Mittel nicht erreichen. Erst die Erfindung der Atombombe, welche mittels Kernspaltung funktioniert, inspirierte den italienischen Physiker Enrico Fermi diese Energie als Zündquelle für eine erfolgreiche Verschmelzung von Wasserstoff zu Helium zu nutzen. Edward Teller (Physiker aus Ungarn) und S. Ulam (Mathematiker aus Polen) entwickelten die Atombombe weiter und statteten sie mit einem weiteren Plutoniumstab aus. Diese optimierte A-Bombe war stark genug um am 01.11.1952 eine Fusion zu erzeugen und die erst H-Bombe detonierte. Dies war der schreckliche Nachweis, dass Kernfusion bei genügend großer Energie möglich ist (vgl. Rebhahn, 1992, S. 12ff.).
Erste friedliche Absichten hatte der britische Nobelpreisträger und Physiker J.J. Thomson, er ließ sich 1946 ein System patentieren, bei dem Magnetspulen und Ringströme genutzt werden um Plasma zu kontrollieren. Er versuchte sogar durch hochfrequente Wellen Deuterium zu erhitzen. Dieses Konzept wurde in den folgenden Jahren in der Sowjetunion

und der USA weiterentwickelt. Interessanterweise war die Kernfusionsforschung noch geheim und es entwickelten sich zwei unterschiedliche Reaktortypen. Erst ab 1956 war die Forschung nicht mehr geheim, doch die Projekte befanden sich schon im Bau und wurden jeweils in der UdSSR und USA fertiggestellt. Zum einen den TOKAMaK mit einer torodialen (schwimmringförmig) Spulenanordnung, welcher 1968 durch Andrej Sacharow und Igor Tamm fertiggestellt wurde. "Tokamak ist ein Akronym für Toroidalnaya Kamera Magnitnaya Katuschka (russ. toroidalnaya = toroidal, kamera = Kammer, magnitnaya = magnetisch, katuschka = Spule)". (vgl. Rebhahn, 1992, S. 10). Durch sein einfaches und effektives Design ist der TOKAMaK formgebend für die meisten zukünftigen Reaktormodelle. In den USA entwickelte sich der Stellarator, doch dieser ist in seiner Konstruktion zu komplex um nennenswerte Erfolge zu erzielen. Erst durch die aktuelle Computertechnik ist es möglich, die notwendigen Konstruktionsberechnungen und Simulationen durchzuführen. So baut man seit 2005 den Fusionsreaktor Wendelstein 7-X in Greifswald, nach dem Stellaratorprinzip (vgl. TAB, 2002, S.21).

1958 gründete sich die europäische Atomgesellschaft ERATOM. Im Zuge der dort beschlossenen Römischen Verträge von 1957 verpflichteten sich die damaligen sechs Länder auch zur gemeinsamen Forschung an der Kernfusion. Das erst Ergebnis dieser Forschungen war das 1983 fertiggestellte Projekt JET (Joint European Torus). JET ist bis jetzt der erfolgreichste Fusionsreaktor, jedoch immer noch mit einer negativen Energiebilanz. Dieser Reaktor ist nach dem Vorbild des TOKAMaK konstruiert und erzeugte 1997 ,16 MW in einer Sekunde und erreichte eine Temperatur von 325 Millionen Grad Celsius (vgl. Rebhahn 1992, S. 11).

Seit 1969 wurde an der Princeton Universität außer am Stellaratorprinzip auch am sowjetischen TOKAMaK Reaktor weitergeforscht mit vergleichbaren Erfolgen wie JET. Doppelt so groß wie JET soll der Fusionsrektor ITER (International Thermonuclear Experimental Reactor) sein, der aktuell im französischen Forschungszentrum Cadarache gebaut wird. Er soll zehnmal mehr Leistung erzeugen als man benötigt, um ihn zu betreiben. Sollte dieses Projekt in ca. 10 Jahren Erfolg haben, ist ITER gleichzeitig die Vorlage zum Bau von DEMO, einem Demonstrationsreaktor zur ersten kommerziellen Nutzung der Fusionsenergie. ITER und DEMO sind ebenfalls nach dem Konstruktionsprinzip des TOKAMaK erbaut (vgl. TAB, 2002, S. 20).

4. Reaktorkonzepte mit magnetischem Einschluss

Es ergibt sich aus den Beschreibungen des Fusionsprozesses dass stets das sogenannte Lawson Kriterium (entsprechend viel Druck, Temperatur und Einschlusszeit) erfüllt sein muss, damit eine Tritium-Deuterium Reaktion funktionieren kann. Ein Plasma ist quasi der vierte Aggregatzustand, ein magnetisch angeregtes Gas bei dem sich die Atomkerne und Elektronen unabhängig voneinander bewegen. Dieses Plasma lässt sich durch magnetische Kräfte beeinflussen. Man nutzt diese Eigenschaft mit Spulen (Elektromagneten), welche man um eine schwimmringartige Form positioniert (siehe Anlage 1, Bild 1). Diese Anordnung der Magnetspulen bezeichnet man als Toruskonfiguration. Die Magneten lenken den Plasmastrahl im Inneren des Reaktors, so dass er von spiralförmigen Magnetfeldern in der Mitte des Reaktors gehalten und verdichtet wird. Auf diese Art und Weise kommt das heiße Plasma auch nicht mit den Wänden des Reaktors in Kontakt. (vgl. Pelte, 2010 S. 121). Die Wände des Reaktors spielen eine besondere Rolle, sie müssen die gefährliche Strahlung absorbieren, die daraus entstehende Energie zu nutzen um Tritium aus Lithium zu erbrüten und die Anlage kühlen. Ein sehr komplexes Aufgabenfeld, wobei in Zukunft wichtige Optimierungen vorgenommen werden müssen. (vgl. TAB, 2002, S.23). Die Elektromagneten welche den Plasmastrahl erzeugen, lenken und verdichten bestehen aus supraleitenden Materialien, Spulen aus normalem Kupferdraht hätten zu hohe Eigenwiderstände und könnten die erforderlichen magnetischen Kräfte nicht erzeugen ohne zu überhitzen oder unrealisierbar viel Strom zu verbrauchen. Mit diesen technischen Konstruktionsmaßnahmen lässt sich ein Plasmastrahl erzeugen, welcher jedoch nicht das erforderliche homogene Magnetfeld besitzt um eine Fusion zu starten. Das Magnetfeld muss weiter verdrillt werden. Dazu gibt es zwei unterschiedliche Lösungsansätze. Das TOKAMaK-Prinzip und das Stellarator-Prinzip (vgl. Pelte, 2010 S. 121).

4.1 Beim TOKAMaK-Konzept nutzt man den Effekt, dass sich ein Plasma, durch das man einen starken Strom leitet, zusätzlich zusammenzieht, den "Pinch-Effekt" (vgl. Rebhahn 1992, S. 3). Im TOKAMaK erzeugen leistungsstarke Induktionsspulen Strompulse von ca. einer Sekunde. Während des Stromstoßes entsteht ein dichter Plasmastrom der zusätzlich erhitzt wird, weil das Plasma einen Widerstand bildet und wo Strom auf Widerstand trifft, entsteht Wärme. Das Plasma profitiert also zusätzlich von dieser "Ohmschen Heizung" (vgl.

Pelte, 2010 S. 121). Ebenso entsteht im Plasmastrom energiereiche, radioaktive α-Strahlung welche auch eine Temperatur-Erhöhung bewirkt. Nachteil dieser Reaktoren ist die kurze Pulsdauer. Vorteile sind die einfache Formgebung und die guten Leistungswerte. Aktuelle Reaktoren wie JET in Culham/England und der TFTR in den USA nähern sich dem Lawson Kriterium, erreichen Plasmaströme von bis zu 5s.

4.2 Beim Stellarator Konzept verzichtet man auf die Induktionsspulen und den "Pinch-Effekt". Stattdessen wird durch eine hochkomplexe Formgebung (siehe Anlage 1, Bild 2) und Anordnung der Magnetspulen das Magnetfeld so optimiert, dass die Magnetfelder verdrillt und die Kompression des Plasmas höher sowie die entstehende Strahlung optimal zum "heizen" genutzt wird. Der Vorteil dieser Konstruktion ist, dass man nun nicht mehr nur wenige Sekunden andauernde Plasmaströme erzeugen kann, sondern einen theoretisch beliebig langen Plasmastrom produziert. (vgl. Pelte, 2010 S. 122). Nachteil ist, dass man noch nicht dieselbe Leistung wie mit TOKAMaK erreicht und die Errechnung der erforderlichen Form viele technische Schwierigkeiten mit sich bringt. Bislang erbrachte der Wendelstein 7 X in Greifswald, als einer der wenigen Stellaratoren die besten Ergebnisse. Diese sind vergleichbar mit den Leistungswerten der TOKAMaK. Erkenntnisse dieser Anlage könnten helfen die TOKAMaK zu verbessern (vgl. Rebhahn 1992, S. 12)

Gründe für das Ausbleiben eines längeren selbstbrennenden Plasmastroms sind vielfältig. Verunreinigungen im Plasma verringern die Dichte und führen zu lokalen Unregelmäßigkeiten im Plasmastrom. Im schlimmsten Fall kommt es zum Plasmaabriss (Disruption). Ein weiteres Problem sind die Wechselwirkungen mit den Stahlwänden des Reaktors, Magnetfelder werden gestört, Materialien beschädigt und Strahlungen negativ beeinflusst. Doch stetige Forschung könnte die genannten Störfaktoren minimieren (vgl. Pelte, 2010, S.123)

4.3 Die Lösung könnte „ITER" sein, der die Vorzüge beider Reaktorkonzepte verbindet. Seit 2005 bauen die EU, USA, Russland und Japan am "International Thermonuclear Experimental Reactor" ("ITER"). Er soll als erstes das Lawson Kriterium erreichen und selbst-brennendes Plasma erzeugen (vgl. Pelte, 2010, S.123). Dieser Reaktor wurde nach dem TOKAMaK-Konzept konstruiert und soll erstmals einen beliebig langen "Pinch" (Stromimpuls) erzeugen können und somit auch einen konstanten Plasmastrom. Seine Spulen sollen supraleitend sein und der Mantel bzw. die Wände des Reaktors optimale "Bruteigenschaften" haben.

Aufwendungen dieser Art erfordern zwingend die multinationale Zusammenarbeit. Bereits 2020 soll der Reaktor fertig gestellt sein und eine befriedigende Kernfusion zustande bringen. Die voraussichtlichen Leistungsdaten sind beeindruckend: Aus 500l Wasser und 30g Lithium gewinnt man 10g Deuterium und 30g Tritium, bei einer Kernfusion entstehen dabei 188 MW/h, genug Energie um einen Menschen für immer mit Energie zu versorgen (vgl. Grupen, 2008, S.236).

ITER wird allerdings ein Versuchsreaktor bleiben, er verfügt nicht über einen Wärmetauscher oder einen Generator, um die entstehende Wärmestrahlung in Strom umzuwandeln. Sollte ITER erfolgreich sein, ist DEMO sein Nachfolger und dieser soll dann in der Lage sein, Strom zu produzieren und würde der erste kommerzielle Kernfusionsreaktor zu Demonstrationszwecken sein (vgl. TAB, 2002, S.23ff).

5. Reaktorkonzepte mit Trägheitseinschluß

In den USA forscht man an einer weiteren, wesentlich anderen Methode, eine Kernfusion zu erzeugen. Im Reaktorkonzept welches nach dem Trägheitseinschluss-Prinzip funktioniert, verzichtet man auf einen Plasmastrahl. Ziel ist es die Abwärme vieler kleiner "Mini H-Bomben" zu nutzen. Um das Lawsonkriterium zu erfüllen, nutzt man leistungsfähige Laser. Hier trug militärische Forschung positiv zum Forschungsprozess bei. Zum einen konnte man auf Computerprogramme zurückgreifen, welche man speziell für die Simulation von Wasserstoffbomben entwickelt hatte, zum anderen forschen die Streitkräfte an militärisch nutzbaren Laser, welche dann sogar für die Kernfusionsforschung nutzbar sind (vgl. Rebhahn, 1992, S.8). Brennstoffe sind auch hier wieder Tritium und Deuterium, welche unter hohem Druck in kleine Plastikkugeln (Pellets) gefüllt werden, diese Kugeln werden dann soweit herunter gekühlt, dass das Gas flüssig wird und an den Wänden der Pellets gefriert. Zum "zünden" befördert man diese Kugeln in eine spezielle Brennkammer in der man sie mit Hochleistungslasern beschießt. Da die Außenhülle aus Plastik ist, verdampft diese und erzeugt einen entsprechenden Explosionsdruck. Der Explosionsdruck wirkt stets in alle Richtungen, so auch nach innen, was dazu führt, dass das die dünne, immer noch gefrorene D-T Schicht nach innen gepresst wird und das gasförmige D-T Gemisch im Inneren der Kugel weiter verdichtet. Die dabei entstehenden Temperaturen (10^8 Kelvin) und der Druck erfüllen das Lawson-Kriterium und es kommt zur Fusion. Die Fusionsenergie breitet sich nach außen aus und zündet somit auch das gefrorene D-T Gemisch am äußeren Rand. Kurzfristig entstehen dabei große Mengen thermischer und nuklearer Strahlungsenergie, die die Wände der Brennkammer erhitzen und die Energie über ein Wärmetauschersystem nutzbar gemacht wird. Nach abgeschlossener Fusion des Pellets wird eine neue Kugel zugeführt und der Prozess beginnt von vorn. Da Kernfusion aber eine große radioaktive, mechanische und thermische Belastung für die Laser darstellt, forscht man an magnetisch lenkbaren und nicht so anfälligen Schwerionenkanonen, als Alternative zum empfindlichen Laser. Ebenso werden die Brennkammer und weitere Bauelemente durch die entstehende Strahlung radioaktiv. Genau wie beim System des magnetischen Einschlusses muss an Materialien geforscht werden, die nur kurzzeitig radioaktiv sind. Ansonsten hätten Kernfusionsreaktoren dasselbe Problem wie die Kernkraftwerke: radioaktiven Müll (vgl. Grupen 2008 S.233ff).

6. Praxistauglichkeit

Obwohl die Forschung große Fortschritte macht und bereits Versuchsanlagen auf der ganzen Welt existieren, die Leistungswerte nahe dem Lawson-Kriterium, bzw. sogar bessere Werte erreichen, muss man feststellen, dass nach über 50 Jahren Kernfusionsforschung noch immer kein wirtschaftliches Sonnenfeuer auf der Erde brennt. Man hat schlicht die Herausforderungen unterschätzt.

Die technische Herausforderung besteht nicht mehr nur darin, ob man einen Plasmastrom erzeugen kann oder nicht, vielmehr müssen die Fusionskraftwerke praktischer und wirtschaftlicher werden. Dazu müssen die Plasmaströme größer werden (500 bis 1500 Kubikmeter) um mehr Abwärme zu erzeugen. Dann müssen die Ströme stetiger werden und dürfen nicht in zerstörerischen Disruptionen abreißen. Weiterhin muss die Zuführung des Brennstoffs technisch gelöst werden. Ein praxistaugliches Grundlast-Kraftwerk muss absolut zuverlässig sein. Aber auch die technischen Herausforderungen lassen sich bewältigen, vorausgesetzt die finanzielle und politische Lage der Förderländer lässt die nötigen Forschungen zu (vgl. Rebhahn, 1992, Kap. 34 S. 1ff.).

Bei der Entwicklung neuer Großprojekte liegt in der heutigen Zeit der Terroranschläge und Finanzkrisen das Augenmerk besonders auf 2 Dinge: Wirtschaftlichkeit (Geld) und Sicherheit.

In der Anschaffung wird ein Fusionskraftwerk dieser Art ähnlich teuer wie ein Kernkraftwerk (5 bis 6 Mrd. Euro), doch da letztere bereits den Grundlaststrombedarf decken und der Kernkraftausstieg immer wahrscheinlicher wird, sollte es möglich sein, Investoren für solche Projekte zu finden. Wenn die Preise für fossile Brennstoffe steigen, stehen Investitionen in diesem Umfang und zu diesem Zweck in einem optimaleren Bezug (vgl. Rebhahn, 1992, Kap. 34 S. 1).

Ein Sicherheitsrisiko kann ein Fusionskraftwerk nicht darstellen, da der Plasmastrom bei Lufteintritt in den Reaktionsraum sofort abreißen würde, da das Plasma verunreinigt und abgekühlt wird. Ein Gau wie bei einem Kernkraftwerk müsste man also nicht befürchten, aber auch Terroranschläge oder Flugzeuge die ein Fusionskraftwerk beschädigen sollten, würden höchstens das Leben der dortigen Mitarbeiter gefährden. Überlegungen, dort eine Art Wasserstoffbombe zünden zu können sind unbegründet, da dazu eine Kernspaltungsbombe nötig wäre, die den Reaktorraum nie erreichen könnte (vgl. Grupen, 2008, S. 238). Ein Problem jedoch könnte das Tritium sein, da dieses benutzt werden könnte um Wasserstoffbomben zu bestücken. Doch wie sich die Entwicklung abzeichnet, soll Tritium während des Prozesses erbrütet werden und müsste vieleicht gar nicht angeliefert werden (vgl. TAB, 2002, S.45). Ein Nachteil jedoch könnte der bereits erwähnte radioaktive Müll sein, der beim Abriss eines Fusionskraftwerks aus der Reaktorhülle entstehen würde. Doch im Gegensatz zu den Atomkraftwerken entstehen während des Betriebes höchstens radioaktive Tritiumablagerrungen, welche jedoch so schwach abstrahlen, dass die menschliche Haut nicht durchdringen werden kann. Lediglich das Gelangen in den Wasserkreislauf muss verhindert werden. Im Rückschluss ist ein Fusionskraftwerk nicht GAU gefährdet und produziert nicht annähernd so viel radioaktiven Müll wie Kernkraftwerke (vgl. TAB, 2002, S.53).

Probleme mit den Ressourcen sind auf den ersten Blick nicht zu erkennen, 150 Mrd. Jahre könnten wir unseren Energiebedarf decken, wenn wir Deuterium aus Meerwasser gewinnen. Eine LKW-Lieferung würde genügen Brennstoff für ein Jahr Betrieb liefern. Zu Nutzungskonflikten könnte es bei der Herstellung von Tritium kommen, denn dieser würde aus Lithium gewonnen. Denn zukünftig werden wir immer mehr Energie in Lithiumakkus speichern müssen und da wir in absehbarer Zeit auf Lithiumakku betriebene Elektroautos angewiesen sein werden, könnte dieser Fakt den Konflikt verstärken. Die Lithiumreserven werden vermutlich für 3000 Jahre reichen. Ein wesentlich übersichtlicherer Zeitraum als die 150Mrd. Jahre beim Deuterium (vgl. TAB, 2002, S.65)

7. Fazit

Dem Gesamteindruck nach zu urteilen sollte sich die Wissenschaft auf den TOKAMaK konzentrieren. Nicht unbegründet investiert die EU 5,6 Mrd. Euro in den Bau des ITER (vgl. Antrag ITER, 2010, S.1). Die Erwartungen sind hoch und die Leistungswerte vergleichbarer Projekte wie JET geben Grund zur Hoffnung. Doch wie im Kapitel 6 aufgezählt, bestehen nach wie vor technische, politische und finanzielle Probleme. Wissenschaft ist ein exploratives Gebiet, Wissenschaftler sind keine Dienstleister, die einen Auftrag bekommen und nach einer bestimmten Zeit das besprochene Ergebnisse liefern können. Es bedarf viel Geduld und ausreichend Finanzen und die Früchte dieser Arbeit werden von unschätzbarem Wert für die Menschheit sein. Die EU beteiligt sich immerhin mit 230 Mio. Euro jährlich an der Kernfusionsforschung, wobei Deutschland seinen Teil indirekt durch den EU-Haushalt beiträgt. Weitere 73% von 620 Mio. Euro investiert Deutschland in den Stellarator Wendelstein 7-X in Greifswald. (TAB, 2002, S.30) Forschungsabsichten sind also erkennbar. In dem auch als Quelle für diese Arbeit sehr wichtigen Sachstandsbericht für den deutschen Bundestag lassen sich Perspektiven und Entwicklungen ablesen und werden genannt. Im Abschluss des Berichtes stehen 3 Möglichkeiten für den weiteren Umgang mit der Kernfusion. Erstens: Fortsetzung der Forschung und die Entscheidung, das erfolgversprechendste Projekt ITER weiter zu unterstützen. Zweitens: gründliche Evaluation und nach Überprüfung der Zahlen das Projekt abzubrechen oder weiter zu unterstützen. Und drittens: Neuausrichtung der Forschung und Verzicht auf ITER. (vgl. TAB, 2002, S.65) Ein Verzicht der weiteren Forschung am Prestigeobjekt ITER wäre meiner Einschätzung nach, so kurz vor dem Ziel kontraproduktiv und würde zudem noch die Deutsch-Französische Freundschaft beeinträchtigen. Am 21. 04. 2010 beantragen die Abgeordneten der BÜNDNIS 90/DIE GRÜNEN, den ITER-Vertrag zu kündigen, weil eine Kostenexplosion absehbar und ein Erfolg in kurzer Zeit nicht absehbar zu sein scheint. Doch am 10. Juni 2010, in der 46. Sitzung des Bundestages bestätigte sich glücklicherweise die politische Langsichtigkeit mit 311 Stimmen der CDU und der FDP gegen die Kündigung. 132 Stimmen der LINKEN und der GRÜNEN befürworteten den Antrag (vgl. stenographischer Bericht, 2010, S.4685). SPD hat sich enthalten. In der Debatte bezieht sich die CDU ebenfalls auf den TAB-Sachstandsbericht (vgl. stenographischer Bericht, 2010, S.4672). Wie eine vergleichbare Abstimmung nach der nächsten Wahlperiode aussieht, vermag ich mit meinem bestehenden politischen Kenntnissen nicht abzuschätzen. Somit wird die Zukunft der Energieversorgung zum Politikum und man kann nur hoffen, dass man versteht, dass ein Verzicht auf die Kernenergie gefährlicher ist, als das Klammern an fossilen Brennstoffen. Denn die Kernfusion ist nicht mehr nur Science Fiction.

Literaturverzeichnis:

- Antrag beim deutschen Bundestag - Kernfusionsforschung kritisch überprüfen
  Bezogen über: http://dipbt.bundestag.de/dip21/btd/17/014/1701433.pdf

- Die Zukunft unserer Energieversorgung : Eine Analyse aus mathematisch-naturwissenschaftlicher Sicht / von Dietrich Pelte, Wiesbaden, 2010

- Grundkurs Strahlenschutz: Praxiswissen für den Umgang mit radioaktiven Stoffen von Grupen, Claus, Berlin, Heidelberg : Springer-Verlag, 2008

- Heißer als das Sonnenfeuer, Eckhard Rebhan, Verlag Piper, München,1992

- TAB - Büro für Technikfolgen-Abschätzung beim deutschen Bundestag, Arbeitsbericht von 2002 zum Thema Kernfusion - Ein Sachstandsbericht.
  bezogen von:
  http://www.tab-beim-bundestag.de/de/pdf/publikationen/berichte/TAB-Arbeitsbericht-ab075.pdf

- Skizze eines Stellarators, Anlage, 1 Bild2
  bezogen von: http://www.astrophysik-mkoechling.de/Stellarator.jpg

- Stenografischer Bericht der 46. Sitzung des deutschen Bundestages
  bezogen von: http://dip21.bundestag.de/dip21/btp/17/17046.pdf

Anlage 1

Bild 1 - TOKAMaK-Konzept:

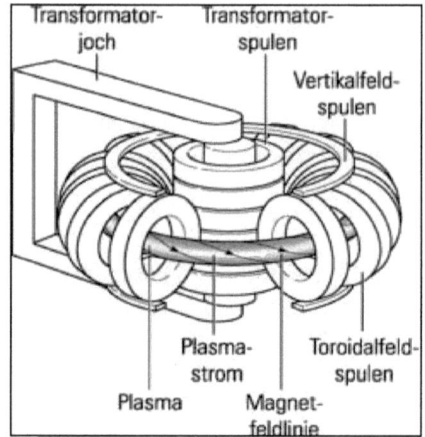

Quelle: Grundkurs Strahlenschutz, Praxiswissen für den Umgang mit radioaktiven Stoffen von Grupen, Claus, Berlin, Heidelberg : Springer-Verlag, 2008, Seite: 235

Bild 2 - Stellarator-Konzept

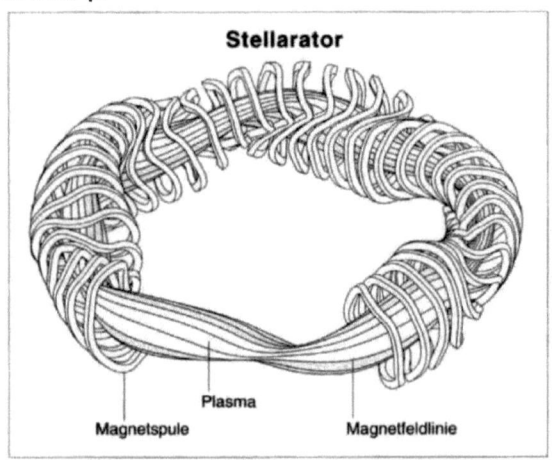

Die schematische Skizze eines Stellarators zeigt ein System aus nicht ebenen Einzelspulen. Ihre spezielle Form bewirkt die Drehung der Feldlinien um die Seele, ohne daß ein Strom im Plasma fließen muß.

Quelle: http://www.astrophysik-mkoechling.de/Stellarator.jpg

Anlage 2

Bild 1- Trägheitseinschluss-Prinzip

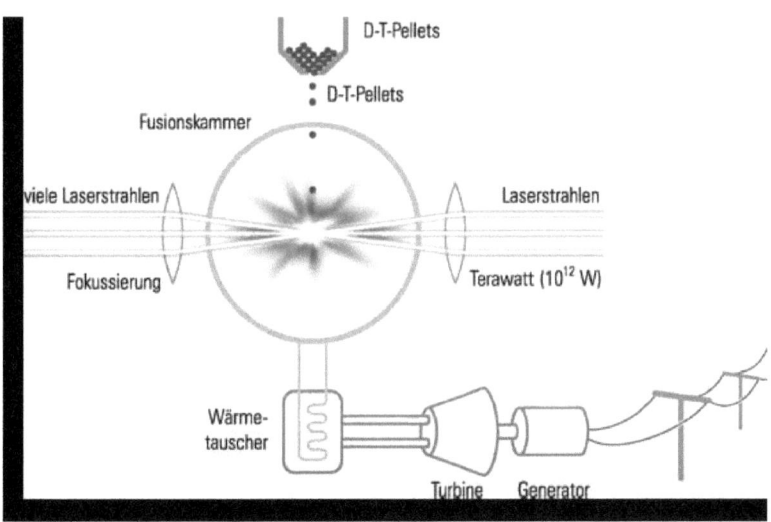

Quelle: Grundkurs Vgl. : Praxiswissen für den Umgang mit radioaktiven Stoffen von Grupen, Claus, Berlin, Heidelberg : Springer-Verlag, 2008, Seite: 234